MANUEL

DU

MÉCANICIEN

THÉORIE PRATIQUE

DES

MACHINES A VAPEUR

Par CAVALIÉ Germain,

CONTRE-MAITRE MÉCANICIEN DE LA MARINE IMPÉRIALE, A TOULON.

PRIX : 1 fr.

EN VENTE :

Chez ANDRIEU, papetier, place d'Armes, n° 21 ; et chez
l'AUTEUR, rue Bonnefoy, 25.

TOULON

IMPRIMERIE Vᵉ BAUME, RUE NEUVE, 20.

1856.

MANUEL

DU

MÉCANICIEN

THÉORIE PRATIQUE

DES

MACHINES A VAPEUR

Par CAVALIÉ Germain,

CONTRE-MAITRE MÉCANICIEN DE LA MARINE IMPÉRIALE, A TOULON.

TOULON

IMPRIMERIE Vᵉ BAUME, RUE NEUVE, 20.

1856.

THÉORIE PRATIQUE

CONCERNANT

LA NOMENCLATURE DES PRINCIPALES PIÈCES D'UNE MACHINE EMPLOYÉE A LA NAVIGATION.

1° *Moyens à prendre pour conserver les pièces dans leurs fonctions.*

2° *Précautions à prendre pour que la machine fonctionne bien.*

3° *Complète description des manomètres à haute et à basse pression, ainsi que la graduation de ces instruments.*

4° *Plein des chaudières et précautions à prendre pour allumer les feux, etc.*

5° *Manière de vérifier le parallélogramme et la position de toc de l'arbre de couche et description de l'excentrique et de ses fonctions.*

MÉCANIQUE PRATIQUE GÉNÉRATEUR.

INTRODUCTION.

En écrivant cette *Théorie Pratique* des machines à vapeur employées à la navigation, j'ai voulu m'associer à cette grande pensée qui fait le bien-être social, la force et l'honneur du pays ; car elle se rattache au développement des arts, à l'emploi de la vapeur et aux progrès dans l'art mécanique.

Dans les navires de l'État, les mécaniciens ne peuvent pas toujours se conformer à l'ordonnance royale du 28 novembre 1845, qui les oblige à s'occuper de l'éducation des chauffeurs en leur faisant la théorie sur ce qu'il y a de plus indispensable pour la conduite et l'entretien de la machine ; il arrive souvent que MM. les maîtres mécaniciens ont d'autres devoirs à remplir, et ils ne peuvent s'occuper de l'éducation de leurs subalternes.

La Théorie que j'ai l'honneur de présenter à MM. les élèves mécaniciens et ouvriers chauffeurs leur apprendra en peu de temps ce qu'ils n'apprendraient qu'au bout de plusieurs années dans la pratique du travail.

A force de temps, l'ouvrier chauffeur peut apprendre ce qu'il faut savoir pour faire un mécanicien ; mais très imparfaitement s'il n'a pas recours aux diverses théories qui lui sont offertes.

Dans ce petit Manuel, on trouvera les premiers principes du mécanicien, très brièvement il est vrai, mais ils n'en est que plus à la portée de l'ouvrier qui s'effraie à la vue d'un gros livre ; il lui semble toujours qu'il y aurait de la témérité à entreprendre un si long travail, et par conséquent il reste inactif.

Dans cet opuscule, l'ouvrier chauffeur trouvera un peu de dédommagement à ce que les exigences du service sont un grand obstacle aux bons résultats qui auraient dû ressortir de l'ordonnance du 28 novembre 1845.

En résumé, c'est pour les ouvriers intelligents et désireux de s'instruire, qui ont souvent reculé devant les difficultés d'une longue étude ; ils ont été arrêtés dès le début par les expressions techniques que les sciences ont adoptées dans leur langage d'analyse et par l'impossibilité de faire eux-mêmes des applications minutieuses.

Le plus grand nombre ont dû se résigner à apprendre lentement par la supposition et l'habitude, dont les inspirations ne sont jamais précoces, ce que quelques heures d'étude leur eût appris.

Pour l'emploi de la vapeur, pour la mécanique industrielle et la direction des machines à vapeur, les bons livres ne manquent pas.

MM. Grouville, Péclet, Campagnac et bien d'autres ont écrit, et ce qu'ils ont écrit est savant et profond. Ces livres ont été annoncés avec un éloge bien mérité, et cependant ils n'ont pas toujours rempli les intentions de leurs auteurs, parce que ceux qui auraient dû en profiter les ont toujours ignorés.

Ce qui manque à l'ouvrier, ce sont les notions premières, les éléments plus dégagés qu'ils ne sont, les développements trop étendus pour celui qui en fait une première étude.

Celui qui peut coopérer à l'éducation de l'ouvrier, en lui faisant comprendre les avantages de l'art qu'il professe, s'associe à cette grande et sainte pensée qui est toujours dictée par l'amour de son pays au développement des arts.

Dans le siècle où nous sommes, tous les peuples ont fait de grands progrès dans l'art mécanique à l'emploi de la vapeur, principalement les puissances voisines de notre belle patrie : l'Angleterre en première ligne, l'Amérique sortant du berceau, cherche à se placer au premier rang et elle est déjà à un point bien avancé.

Les puissances dont je viens de parler ont toujours eu une grande hardiesse dans les entreprises relatives au développppement de l'art mécanique et à l'emploi de la vapeur.

La France a toujours eu cet air martial qui lui est familier, et grâce à l'encouragement et aux mesures prises par le chef de l'État, notre marine n'a rien à envier à la marine des autres puissances, relativement à la bonne disposition des appareils mécaniques.

L'art mécanique à l'emploi de la vapeur est une des principales branches de l'industrie, aussi chacun doit-il y apporter sa part d'encouragement, de pensées utiles et de travail productif.

Pour que tout cela fructifie, il faut que l'ouvrier trouve des indications simples, précises, et des raisonnements qu'il puisse saisir sans de trop grands efforts.

MANUEL DU MÉCANICIEN.

THÉORIE PRATIQUE.

CHAUDIÈRES. — On appelle chaudière des machines à vapeur l'appareil destiné à produire la force motrice. Ces chaudières sont ordinairement en fer ou en cuivre. La durée moyenne des chaudières en fer est de cinq ans et celles en cuivre de douze ans.

Avant d'être livrés au commerce, les chaudières sont soumises à plusieurs épreuves (1); on leur fait supporter une pression triple de celle à laquelle elles sont destinées.

On distingue deux sortes de chaudières : celles de Watt et celles de Woolf. Les premières sont généralement destinées aux machines à basses pression, les dernières sont cylindriques et elles sont employées pour les fortes pressions.

FOYER. — On appelle foyer ou fourneau le lieu ou se consume le combustible employé à entretenir les feux ; ce combustible repose sur des grilles qui laissent entre elles beaucoup d'espace pour que les cendres puissent seulement tomber, afin

(1) Les chaudières sont éprouvées au moyen de la pompe à bras.

de ne pas engager les grilles ; car c'est de la grande propreté du fourneau que dépend le tirage à la formation des vapeurs, aussi est-il de première nécessité que les fonds des cendriers soient très clairs.

COURANTS DE FLAMME. — Les courants de flamme sont des tuyaux qui conduisent la flamme au fond de la cheminée ; ils sont disposés de manière à augmenter le plus possible la surface chauffée ; c'est pour cela qu'ils font plusieurs contours avant d'arriver à la cheminée ; c'est de leur bonne disposition que dépend en grande partie la rapide production de la vapeur. Les courants de flamme portent aussi le nom de *carnaux*.

SURFACE DE CHAUFFE. — La surface de chauffe est la partie de la chaudière qui reçoit le contact du feu ou de l'air échauffé.

PORTES-AUTOCLAVES. — Les portes-autoclaves sont placées au bas des chaudières, elles sont au nombre de deux : l'une sur l'avant, l'autre sur l'arrière. Placées vis-à-vis l'une de l'autre, elles servent à retirer le sel qui se dépose au fond des chaudières et en facilitent le nettoyage complet.

(Dans quelques appareils il y a quatre portes-autoclaves, deux au bas des chaudières et deux autres pour piquer le sel qui se dépose dessus les fournaux.)

ROBINETS DE JAUGE. — Les robinets de jauge sont placés sur l'avant des chaudières et disposés de manière à ce que le niveau de la chaudière se trouve au milieu d'eux; ils servent à vérifier ces niveaux dans le cas où les tubes nivelleurs se trouveraient engagés. Le supérieur de ces deux robinets donne de la vapeur et l'inférieur doit donner de l'eau.

TUBES NIVELLEURS. — Ce sont des tubes qui servent à faire voir constamment le niveau de l'eau dans la chaudière; ils sont invariablement placés sur l'avant de chaque chaudière en particulier.

PLEIN DES CHAUDIÈRES. — Pour faire le plein des chaudières, il suffit d'ouvrir les robinets de prise d'eau et ceux d'extraction, et de soulever la soupape de sûreté lorsqu'il n'y a pas de vapeur; mais lorsqu'il y en a, il faut employer la pompe à bras, lorsque la machine est arrêtée et qu'on ne peut se servir de petit cheval.

Les conditions nécessaires pour que l'eau puisse parfaitement monter dans les chaudières lorsqu'on fait le plein, c'est que le niveau de la mer soit plus haut que celui des chaudières, et, si le navire ne cale pas assez d'eau, on se sert de la pompe à bras.

On ouvre la soupape de sûreté lorsqu'on fait le plein pour que l'air qui se trouve dans les chaudières ne soit pas comprimé et qu'il puisse s'échapper; car sa force élastique, augmentant à mesure que son volume diminue, contrebalancerait en partie la pression de l'eau et le plein ne se ferait pas complètement.

Autels. — Les autels ne sont qu'une séparation en ma-
çonnerie entre le foyer et le courant de flamme; ils sont faits
en brique réfractaire.

Boulons d'entre-toise. — Les boulons d'entre-toise servent à maintenir la séparation qui existe entre les fourneaux;
ils empêchent les tôles de s'écarter ou de se rapprocher.

Réservoir a vapeur. — Le réservoir à vapeur est une
capacité qui se trouve sur le dôme de la chaudière et où se rend
la vapeur à mesure qu'elle se forme; on appelle, en général,
réservoir à vapeur toute la partie de la chaudière qui n'est pas
occupée par l'eau.

Trou d'homme. — Le trou d'homme des chaudières est
une ouverture qui se trouve sur le dôme de la chaudière, et
qui sert à faciliter le service intérieur du dôme.

Naissance du tuyau de conduite. — Le tuyau de conduite de vapeur prend naissance sur le dôme de la chaudière,
comme étant la partie la plus élevée; ce tuyau est rembourré
dans toute sa longueur, afin que l'air extérieur ne refroidisse
pas l'intérieur de ce tuyau, et pour empêcher la condensation
de la vapeur qui nuirait beaucoup à la marche de la machine.

Pour garnir ce tuyau, on le couvre de laine; ordinairement
on emploie de vieilles couvertures que l'on fixe au moyen de
cordes très serrées, et on recouvre ensuite le tout d'une toile à
voile. Le diamètre de ce tuyau est calculé d'après la force que
doit développer l'appareil moteur.

Outils nécessaires au chauffage. — Les outils nécessaires, sont : la poêle ordinairement destinée à la charge des fourneaux, le rouable qui sert à remuer les feux ou les charbons incandescents, la lance qui sert à enlever les mâchefers et tout ce qui pourrait s'être fixé sur la grille, enfin le crochet qui sert à dégager la distance entre les grilles qui, lorsqu'elles sont engagées, empêchent l'air de traverser le charbon, et nuisent à l'effet du tirage, et, par suite, à la formation de la vapeur.

Boîte d'alimentation. — Pour alimenter les chaudières, on ouvre la soupape de la boîte d'alimentation placée devant les chaudières, au moyen des manivelles placées sur cette boîte.

La boîte alimentaire communique avec deux chaudières par deux orifices ; le tuyau de conduite d'eau va aboutir à la boîte de trop plein ; c'est de là que vient l'eau d'alimentation ; il y a deux manivelles vissées à la tige des deux soupapes placées aux deux orifices par lesquels cette boîte communique avec les chaudières. Ainsi, lorsqu'on veut alimenter on n'a qu'à visser les manivelles et la communication se trouve établie entre les chaudières qu'on alimente et la boîte, de sorte qu'en faisant manœuvrer la pompe alimentaire, le niveau monte dans la chaudière ; les tiges des soupapes sont disposées de manière que, lorsque ces soupapes sont fermées, la tige ne doit pas dépasser : elle affleure juste avec la manivelle. Quand on veut s'assurer si les alimentations sont bien fermées, on passe le doigt sur la manivelle, et la tige ne doit pas dépasser.

Lorsque toutes les alimentations sont fermées, l'eau séjourne dans le tuyau, et le surplus retourne dans la bâche par la boîte de trop plein.

Soupapes dont sont munies les chaudières. — Les soupapes dont sont munies les chaudières sont les soupapes de sûreté et la soupape atmosphérique. Les premières sont destinées à prévoir les accidents qui pourraient arriver si la vapeur s'élevait à une trop forte tension.

La soupape atmosphérique, au contraire, prévient les accidents qui arriveraient si la tension était trop faible.

Les soupapes de sûreté, au nombre de deux, sont placées sur les chaudières, et communiquent dans le même tuyau d'échappement. Ce sont des soupapes ordinaires, seulement on fixe à leur tige un poids dont la pesanteur doit être proportionnée à la tension où l'on élève la force de la vapeur; ce poids étant calculé juste pour la pression de la chaudière, aussitôt que la pression augmente, la soupape s'ouvre et la vapeur s'en va à air libre jusqu'à ce que sa tension soit descendue aux limites ordinaires; alors le poids referme la soupape et tout rentre dans sa position habituelle; c'est ainsi que sont prévues les explosions qui rendraient dangereux l'emploi des machines.

Soupape atmosphérique. — La soupape atmosphérique est placée sur le réservoir à vapeur, elle se compose d'un clapet, dont la tige est fixée à l'extrémité d'un levier qui tourne sur un support fixé sur le réservoir à vapeur, et à l'extrémité de ce levier se trouve fixé un poids P que l'on place plus ou moins loin du point d'appui, suivant que l'on veut lui faire exercer plus ou moins de résistance.

Cette soupape s'ouvre de haut en bas; son jeu est facile à comprendre, et son importance est incontestable. Supposons que, par une cause quelconque, la pression soit tombée et qu'on ne veuille pas bien activer les feux, en marchant toujours, la machine ne tardera pas à consommer toute la vapeur qui se forme, et il arrivera un moment où la chaudière ne fournira pas assez de vapeur, alors la pression sera moindre que la pression atmosphérique, c'est-à-dire que le dôme de la chaudière, supportant une pression plus forte d'un côté que de l'autre, pourrait être défoncé; c'est à ce moment que la soupape s'ouvre et donne passage à l'air qui vient rétablir l'équilibre ; mais la machine ne tarde pas à s'arrêter, et, par ce moyen, le mécanicien est averti de sa négligence.

Lorsqu'on marche à la voile, les manomètres marquent souvent plus bas que zéro, et les robinets de jauge aspirent au lieu de laisser couler l'eau, quoique cependant le niveau voulu existe. Dans ce cas, il faut se garder d'ouvrir les alimentations, car alors la pression tomberait davantage.

Le meilleur moyen est d'arrêter la machine, de pousser les feux le plus possible, et de ne mettre en marche que lorsqu'on a atteint la pression ordinaire.

PRÉCAUTIONS A PRENDRE POUR ALLUMER LES FEUX. — Il

faut d'abord que le niveau de l'eau, dans la chaudière, ait recouvert toute la surface chauffée; ensuite, avant de fermer le trou d'homme, il faut entrer dans la chaudière et visiter si tous les orifices des robinets et des tubes sont parfaitement dégagés, visiter les orifices des manomètres, et s'assurer que le mercure y est en quantité suffisante pour marquer la pression; on visite les soupapes de sûreté et on les fait jouer pour s'assurer que rien ne les engage, et, après les avoir bien lubrifiées, on visite la soupape atmosphérique qu'on ne quitte qu'après s'être assuré qu'elle peut librement fonctionner.

Cette opération terminée, on visite les chaudières, afin de s'assurer qu'aucun corps étranger n'y existe, on ferme le trou d'homme et on allume les feux.

On n'allume pas les feux avant que les surfaces chauffées soient couvertes par l'eau, parce que les parois de la chaudière chaufferaient jusqu'au rouge, et l'eau, venant subitement refroidir ces parois, elle se gondolerait et pourrait même déchirer en plusieurs endroits.

On obtient la pression de la vapeur à l'aide d'un manomètre; cet instrument est ordinairement placé au haut de la chaudière et sur le devant; d'autres fois, on le place sur le coffre à vapeur, il est quelquefois sur le tuyau de conduite de vapeur. Son placement dépend de la disposition de la machine, et on choisit toujours l'endroit où ces instruments risquent le moins d'être brisés.

MANOMÈTRES. — On distingue deux sortes de manomètres, le manomètre à air libre, dit à basse pression, et le manomètre à air comprimé à haute pression.

Les manomètres à air libre à basse pression peuvent être employés pour marquer la pression jusqu'à 1 atmosphère 1/2, et une fois qu'on a dépassé cette tension, leur longueur devient si embarrassante et leur dérangement si facile qu'il est beaucoup plus commode d'employer ceux à haute pression.

Les manomètres à basse pression se composent d'un tube recourbé, parfaitement calibré; ce tube correspond à la partie supérieure de la chaudière par un petit orifice; on verse le mercure dans ce tube par le côté B. Comme tout liquide se met toujours en équilibre, c'est-à-dire à son niveau, le mercure vient se placer dans les deux branches à la même hauteur MN. L'indicateur, qui n'est autre chose qu'un morceau de bois armé d'une flèche, pour indiquer le numéro ou repose le mercure; la plaque graduée OR est fixée au bout du manomètre.

Il est facile de saisir la marche de cet instrument. Quand la vapeur commence à se former et à avoir un peu de pression, elle ne tarde pas à presser sur le mercure et le force à monter dans la branche KR et à descendre dans l'autre PK. Or, les deux branches étant de même calibre, il s'ensuit que si le mercure baisse d'un centimètre dans la branche KR, il montera de la même quantité dans l'autre, et par conséquent l'indicateur qui flotte sur le mercure montera ou descendera si la pression diminue, et la tension de la vapeur sera ainsi marquée sur la plaque OR graduée.

Dans la partie inférieure du manomètre se trouve une vis qui sert à faciliter l'enlèvement du mercure; car sans cela on serait obligé de démonter l'appareil; lorsque la tension est nulle, l'appareil marque zéro sur la plaque OR, ainsi il est évident que, par une cause quelconque, la force de la vapeur devient moindre qu'une atmosphère, l'indicateur marquera au dessous de zéro; c'est ce qu'on appelle marcher par le vide; on peut l'éviter, car cela ne provient que de la négligence apportée dans le chauffage.

GRADUATION DU MANOMÈTRE A BASSE PRESSION. — La graduation d'un manomètre à basse pression est très simple : On met d'abord, dans le manomètre, une quantité suffisante de mercure pour que l'indicateur puisse monter au plus haut point de la pression; ayant ainsi fait, on introduit l'indicateur sur le mercure qui se trouve en équilibre, et on marque zéro sur la plaque qu'on veut graduer au point correspondant à l'extrémité de la flèche, point qui indique l'étendue ou arrive l'indicateur lorsque le mercure est de niveau dans les deux branches, ou lorsqu'il n'y a pas de pression. Cela fait, on divise la plaque en demi centimètres en dessus et en dessous de ce point. En dessous, on ne marque que 4 à 5 centimètres; car si la pression descendait plus bas, la soupape atmosphérique ne s'ouvrant pas immédiatement, le mercure pourrait tomber dans la chaudière et déranger l'indicateur.

Manomètres a haute pression.—Les manomètres à haute pression ou à air comprimé sont employés pour les machines qui travaillent à une pression de plus de deux atmosphères.

Ces manomètres ne diffèrent guère des précédents que par leur extrémité qui, au lieu d'être ouverte, est fermée; alors, dans ce cas, l'air se trouve comprimé entre le mercure et le haut du tube, et, par sa force élastique, il contrebalance en partie la pression de la vapeur; c'est à cette force élastique de l'air comprimé que ce manomètre doit la propriété de marquer les plus hautes pressions.

Lorsque la vapeur vient presser sur le mercure, elle le force à monter dans la branche AN jusqu'au point K, je suppose pour une atmosphère, et ici il faut remarquer que la hauteur AN ne sera pas égale à 0,76 c., parce que l'air, ayant diminué de volume, a obtenu une force élastique qui contrebalance une partie de celle de la vapeur; au second atmosphère le mercure montera encore d'une certaine quantité et ainsi de suite. *(Physique de Péclet.)*

Marche de la vapeur en sortant de la chaudière. — En sortant de la chaudière, la vapeur se rend dans le tuyau de conduite et s'arrête devant la valve d'introduction.

Lorsqu'on ouvre cette valve, elle passe dans les orifices du tiroir et se rend dans le cylindre pour y faire son effet.

APPAREIL MOTEUR.

CYLINDRE. — On appelle cylindre de machine à vapeur un corps de pompe de forte dimension, en fonte, dans lequel est placé un piston sur lequel la vapeur vient développer sa force et communiquer ainsi le mouvement à tout le système. La vapeur est introduite dans le cylindre par deux orifices, l'un placé à sa partie supérieure et l'autre à sa partie inférieure. Ces orifices sont alternativement en communication avec le réservoir à vapeur et le condensateur, de sorte que le piston se meut de bas en haut et de haut en bas.

Le cylindre est boulonné sur la plaque de fondation; il est fermé, à la partie supérieure par un couvercle boulonné sur le cylindre. Au milieu de ce couvercle se trouve un presse étoupe au centre duquel passe la tige de piston; sur ce couvercle sont aussi placés les robinets graisseurs, qui servent à lubrifier l'intérieur du cylindre. Ces godets sont seulement placés dans les orifices destinés à cet usage, de sorte qu'on peut les enlever tous deux. Lorsqu'on veut mettre du suif dans le cylindre, on le verse dans les godets, et on ouvre le robinet lorsque le piston monte, parce qu'alors la partie supérieure du cylindre communique avec le condensateur, le suif est aspiré, tandis que si on ouvrait le robinet quand le piston descend, la vapeur sortirait par le robinet et emporterait avec elle le suif.

Soupape du cylindre. — Les cylindres des machines sont ordinairement armés de deux soupapes, l'une sur le couvercle et l'autre à la partie inférieure.

La soupape placée sur le couvercle se compose d'une bride boulonnée sur le cylindre, au travers de laquelle passe une vis servant à donner plus ou moins de force à un ressort fixé sur la tige de la soupape. Ce ressort est formé d'un fil d'acier assez fort; il appuie sur la soupape de sûreté afin qu'elle ne se lève que lorsque la pression dépasse les limites ordinaires.

La soupape inférieure remplit les mêmes rôles, seulement, au lieu d'un ressort c'est un contrepoids qui retient la soupape sur son siége.

Ce poids est placé au bout d'un levier mobile sur un support; l'autre extrémité du levier appuie sur la tige de la soupape, et le tout est fixé sur le couvercle de dessous du cylindre. Ces soupapes sont d'une grande utilité; elles préviennent tous les accidents qui pourraient arriver, soit par quelque fausse manœuvre ou parce qu'on arrête brusquement la machine, ou bien encore parce que la condensation ne se fait pas bien.

La soupape inférieure sert à enlever l'eau qui se trouve au fond de ce cylindre, eau qui provient de la vapeur condensée. La soupape supérieure n'est autre qu'une soupape de sûreté.

Piston. — Il y a deux sortes de pistons : les uns sont à garniture métallique, les autres sont à garniture tressée avec du chanvre bien graissé et fortement enveloppés sur leurs contours.

Les pistons à garniture métallique se composent d'une couronne boulonnée qui permet de visiter l'intérieur du ressort principal qui remplace la garniture de chanvre. Ce ressort est libre et n'est autre chose qu'un cercle en métal dont la circonférence, lorsqu'il est fermé, est parfaitement égale à celle de l'intérieur du cylindre.

Quoique la force élastique de ce ressort soit assez grande, on met encore quatre petits ressorts qui appuient constamment sur les parois intérieurs du cylindre; ces ressorts sont couverts par la couronne. Lorsqu'on enlève le piston du cylindre, on l'entoure d'un cercle en fer aussitôt que le ressort principal commence à paraître, parce que, sans cette précaution, il pourrait se détendre et risquerait ainsi de casser. Le dessus du piston prend la forme d'une lentille afin d'offrir plus de surface à la vapeur.

Les pistons à garniture de chanvre se composent également d'une couronne qui sert de presse étoupe pour serrer la garniture à mesure qu'elle se relâche ou qu'elle se ramollit; c'est au moyen de boulons qui se vissent dans le corps même du piston que l'on obtient ce serrage.

La tige du piston se fixe de plusieurs manières dans le corps du piston, mais cependant elle est ordinairement conique à sa partie inférieure, de sorte qu'elle retient le piston, et pour qu'il ne puisse pas monter on fixe en dessus une forte clavette; le plus souvent c'est un écrou vissé sur la tige même du piston; cet écrou est percé de deux petits trous qui servent à le serrer au moyen d'une clef à goupille.

CHEMISE DE CYLINDRE. — On appelle chemise de cylindre un cylindre en fonte plus grand que le cylindre de la machine, et dans lequel ce dernier est placé.

Cette chemise communique avec les tiroirs, de sorte que la vapeur fait le tour du cylindre de la machine avant de faire son effet, et réchauffe, par conséquent, les parois intérieures du cylindre. Ces chemises sont d'une grande utilité, surtout quand les cylindres sont loin des chaudières, parce qu'alors la température de l'air extérieur étant assez fraîche, entraîne les rafraîchissements des parois du cylindre, de sorte qu'alors ces parois condensent une partie de la vapeur, ce qui nuit à la marche de la machine. De plus, l'eau provenant de cette condensation, réside au fond de ce cylindre et occasionne quelque chose qu'on doit éviter. Les chemises remplissent le même rôle que les enveloppes du tuyau de conduite de vapeur; à leur partie inférieure se trouve un robinet qu'on ouvre à volonté, pour laisser passer l'eau provenant de la vapeur condensée. Elles sont toujours très utiles dans les machines qui fonctionnent à haute et à moyenne pression, parce qu'il faut remarquer que la vapeur à haute pression se condense beaucoup plus facilement, et est plutôt saisie par le froid que celle à basse pression.

La raison est simple : la vapeur augmentant de température à mesure qu'elle augmente de pression, il s'ensuit que l'air extérieur la saisira bien plutôt à une température élevée qu'à une moins élévée.

Course du piston. — On désigne sous le nom de course du piston l'espace qu'il parcourt, soit en montant, soit en descendant. Pour mesurer cet espace, on prend la longueur de la manivelle de centre en centre, on double cette longueur et l'on a la course. La réunion de la montée et de la descente se nomme *coup de piston*.

Les machines à basse pression donnent de 15 à 20 coups de piston par minute; la montée et la descente du piston se nomme aussi *oscillations*.

Plaques de frictions du cylindre.— On donne le nom de plaques de friction du cylindre aux parties planes qui se trouvent en bas et en haut des orifices du tiroir. C'est sur ces plaques que glisse le tiroir pour régler la distribution de la vapeur.

Tiroirs. — Ce sont des pièces demi circulaires placées dans une boîte de même forme qu'on nomme *boîte à tiroir*, et qui communiquent aux tuyaux de conduite de vapeur; elle est boulonnée sur les plaques du cylindre et elle communique aussi avec le condensateur par le bas et par le haut, quelquefois par les deux côtés à la fois.

Les tiroirs sont souvent formés d'une seule pièce, d'autres fois de deux pièces réunies par une tige; leur partie plane glisse sur les plaques du cylindre, devant les orifices, et fait ainsi communiquer le haut et le bas du cylindre alternativement avec les chaudières ou avec le condensateur ; c'est de là que résulte le mouvement alternatif au piston moteur. La tige qui tient les tiroirs est fixée sur une pièce qu'on nomme *balancier du tiroir*; à l'extrémité des tiroirs se trouve un contre-poids et quatre petites bielles, dont deux communiquent à l'arbre du levier de mise en train, et les autres à l'arbre qui reçoit le mouvement de l'excentrique, de sorte que les tiroirs sont mis en mouvement par le levier de mise en train, puis par l'excentrique.

A QUOI SERT LE CONTRE POIDS PLACÉ SUR LA TIGE DES TIROIRS? — Ce contre-poids sert à vaincre la résistance du frottement des plaques de friction, et à faire équilibre au poids des tiroirs; il est évident que le poids des tiroirs se trouvant à l'extrémité du balancier le ferait descendre avec beaucoup de facilité, tandis qu'il ne remonterait qu'avec peine. Il résulte de là que la descente du tiroir serait plus rapide que sa montée, ce qui rendrait le mouvement de la machine loin d'être uniforme.

Ce contre-poids est calculé d'après le poids des tiroirs.

Pour introduire la vapeur dans la boîte à tiroir, on n'a qu'à ouvrir la valve du tuyau de conduite, dont le levier se trouve placé devant le cylindre. A l'extrémité du levier de valve on place une plaque graduée qui permet de voir la largeur dont on a ouvert la valve. Cette plaque est divisée en dix parties égales, de sorte que l'introduction de vapeur se compte par dixièmes; cette plaque porte le nom de *registre de valve;* quelquefois, au lieu d'une valve on se sert d'un robinet pour introduire la vapeur, alors c'est la manivelle du robinet qui marque l'ouverture du tuyau de conduite. Aussitôt que le tuyau de conduite est ouvert, la vapeur pénètre dans la boîte à tiroir, et alors, avec le levier à main, on l'introduit au dessus ou au dessous du piston, selon ce que l'on veut faire marcher en avant ou en arrière, et selon la position du piston et de la manivelle de l'arbre de couche.

Il y aussi un autre registre qui porte le nom de *registre d'injection*, il est placé à l'extrémité du levier qui ouvre la valve à l'eau de condensation; il est également divisé en dix parties, de sorte que l'injection se compte aussi par dixièmes.

OU PASSE LA VAPEUR APRÈS AVOIR FAIT SON EFFET DANS LE CYLINDRE. — Après avoir fait son effet dans le cylindre, la vapeur se rend dans le condensateur. Supposons que les tiroirs soient placés de manière à ce que l'orifice du bas du cylindre soit en communication avec la chaudière, la vapeur pénètre donc sous le piston, et le fait agir aussitôt; mais le piston étant arrivé en haut de sa course, tout change, l'orifice de haut se trouve en communication avec la chaudière, et celui d'en bas avec le condensateur, de sorte que la vapeur qui a servi à élever le piston, passe tout de suite dans le condensateur, où elle rencontre l'eau d'injection qui la condense, et ceci se renouvelle à chaque oscillation du piston.

Ainsi la vapeur qui sert à faire monter le piston se rend au condensateur aussitôt que le piston commence à descendre, et la vapeur qui a servi à faire descendre le piston se rend au condensateur aussitôt qu'il commence à monter.

CONDENSATEUR. — Cet appareil est destiné à la condensation de la vapeur; il communique au cylindre par l'intermédiaire de ses orifices et à la pompe à air par un orifice rectangulaire fermé par un ou plusieurs clapets. On pénètre dans le condensateur par un trou d'homme placé sur l'avant, et fermé par une plaque boulonnée sur le condensateur.

Le condensateur se compose du tuyau d'injection qui vient y aboutir, et d'un autre tuyau appelé *tuyau de décharge* qui sert à chasser l'eau du condensateur lorsqu'on veut faire fonctionner la machine. Ce tuyau est fermé par une soupape qu'on nomme *renifflard,* elle est disposée de manière à fonctionner de bas en haut pour laisser passer l'eau qu'on veut chasser. Le tuyau d'injection est terminé par une boule en forme de pomme d'arrosoir afin que l'eau se divise et tombe en pluie pour condenser la vapeur plus facilement.

Lorsque ce tuyau n'est pas terminé en pomme d'arrosoir, on place une plaque en cuivre à une petite distance de l'orifice du tuyau, et alors l'eau, sortant avec force, vient frapper sur la plaque : elle se divise de la même manière qu'avec la pomme d'arrosoir. Il est très nécessaire que l'eau d'injection se divise ainsi, parce que la condensation serait trop lente, et alors la vapeur, affluant dans le condensateur, ne tarderait pas à acquérir une tension capable d'équilibrer une partie de la vapeur, agissant soit en dessus, soit en dessous du piston, et alors la machine ne tarderait pas à se ralentir.

La température du condensateur doit être de 35 à 40, température correspondant à peu près à celle du corps humain.

Il faut surtout avoir soin de ne pas dépasser cette température, parce qu'alors la tension du condensateur serait trop forte, et de plus comme presque toujours, dans les machines employées à la navigation, l'arbre du balancier passe dans le condensateur, il s'ensuit que cet arbre s'échaufferait, et par suite, les tourillons, ce qui occasionnerait des avaries dans les coussinets.

PRISE DE L'EAU NÉCESSAIRE A LA CONDENSATION. — L'eau nécessaire à la condensation se prend à l'extrémité du navire, on l'introduit par deux robinets placés de chaque côté en abord du bâtiment.

Ces robinets prennent le nom de *robinets d'injection;* lorsqu'on les ouvre, l'eau remplit les tuyaux, et s'arrête devant la valve, on l'introduit dans le condensateur, en faisant mouvoir le levier d'injection le long du registre.

VIDE DU CONDENSATEUR. — Le vide du condensateur n'est

autre chose que le résultat de la condensation de la vapeur, et sous le nom de *vide* on désigne l'absence absolue de toute sorte de gaz ; ainsi le vide se fait dans le condensateur par la condensation de la vapeur, de là on voit que plus la condensation se fait bien, plus le vide se fait. Or, comme il faut bien regarder que la marche de la machine ne dépend absolument que de la manière dont s'opère le vide dans le condensateur, on voit qu'il est de la plus grande importance de bien régler l'injection.

POURQUOI LA MARCHE DE LA MACHINE DÉPEND-ELLE DU VIDE DU CONDENSATEUR? —Pour comprendre ceci, on n'a qu'à se rappeler que lorsque l'un des orifices communique aux chaudières, l'autre communique au condensateur; d'après cela, je suppose que l'orifice du bas communique aux chaudières, le piston va monter, et arrivé au haut de sa course cet orifice va communiquer au condensateur, et celui du haut aux chaudières, et le piston va descendre; si la vapeur qui a fait monter le piston n'a pas tout à fait disparu dans le condensateur, à cause que le vide n'est pas parfait, elle conserve une petite tension qui équilibre une partie de la tension de la chaudière, et par conséquent la descente du piston ne sera pas sensible, et si le vide ne se fait pas bien dans le condensateur, la vapeur qui s'y trouve, augmentant de volume de vapeur à chaque coup de piston, augmentera aussi de tension, et finira par acquérir une tension égale à celle de la chaudière, et, à ce moment, le piston va s'arrêter parce qu'il sera sollicité à marcher par deux forces égales, et directement opposées, par conséquent il restera immobile.

Le vide, dans le condensateur, s'indique au moyen d'un manomètre au vide; ils sont à peu de chose près comme les manomètres ordinaires, seulement ils fonctionnent de haut en bas. Il se compose d'un tube recourbé, d'un très petit diamètre, boulonné d'un côté au condensateur, auquel il communique par un petit orifice; ce tube sert à faire communiquer le manomètre avec le condensateur. Sur ce tube se trouve un petit robinet qui sert à établir ou à fermer la communication du condensateur avec le manomètre, l'autre extrémité de ce tube plonge dans la boîte à mercure du manomètre; le mercure remplit la boîte et remonte dans les deux tubes jusqu'à un certain niveau. (La grosseur de ce manomètre est la même que celle des manomètres ordinaires.) Un indicateur en bois repose sur le mercure et marque le vide sur une plaque graduée.

La marche de cet instrument est facile à comprendre : lorsque le condensateur commence à faire le vide, il aspire avec force l'air extérieur; cette aspiration entraîne le mercure qui baisse dans la branche du manomètre et monte dans le tube recourbé, de sorte que l'indicateur en bois qui repose sur le mercure est entraîné et marque la force du vide sur la plaque graduée.

La hauteur du tube recourbé doit être assez grande, parce que sans cela le mercure pourrait être entraîné dans le condensateur par l'aspiration.

GRADUATION DE CES MANOMÈTRES. — La graduation de ces manomètres au vide repose sur ce que la pression atmosphérique équivaut à 0 m. 76 c. colonnes de mercure. Il est donc évident que l'eau renfermée dans le condensateur, avant que la machine fonctionne, à une pression qui fait équilibre à une colonne de 0 m. 76 c. de mercure; mais à mesure que le vide se fera dans cette capacité, la force de l'air qui y est enfermé va diminuer nécessairement et la colonne de mercure disparaîtra complétement si le vide venoit à être parfait; d'où l'on voit que le vide parfait fait baisser une colonne de mercure de 0 m. 76 c.

Il n'est pas besoin, pour graduer la plaque de ces manomètres, de la diviser en 76 parties; car le vide du condensateur se tient entre 0,40 et 76, et alors on part de 40 que l'on marque au haut de la plaque et on descend jusqu'à 0,76 c.

Dans les meilleurs condensateurs, le vide n'atteint jamais plus bas que 0,72 et le mercure ne descend généralement qu'à 0,70 et se tient entre 60 et 0,70.

Ces manomètres sont si fragiles qu'il suffit de la moindre chose pour déranger l'indicateur, et on s'assure quelquefois plus positivement de l'état du condensateur par sa température que par l'indicateur de ce manomètre.

PASSAGE DE L'EAU D'INJECTION ET DE CELLE PROVENANT DE LA CONDENSATION. — Cette eau est aspirée par la pompe à air qui la fait passer dans la bâche; de là, une partie sert à alimenter les chaudières et le surplus retourne à la mer par le tuyau de décharge.

COMMENT FAIT-ON POUR SORTIR L'EAU DU CONDENSATEUR LORSQU'ON EST PRÊT A METTRE EN MARCHE? — Il suffit, pour cela, d'introduire la vapeur dans le condensateur, alors cette vapeur presse sur la surface de l'eau et la force à sortir. On se sert à cet effet d'un petit cylindre placé au bas de la boîte à tiroir, qu'on appelle ordinairement *pompe de purge,* parce qu'elle sert à purger le cylindre et le condensateur de l'eau et de l'air qu'ils pourraient contenir.

POMPE DE PURGE. — Cette pompe est composée d'un petit cylindre muni d'une manivelle avec un presse étoupe; une soupape se trouve placée au milieu de la tige; cette soupape passe au travers du presse étoupe du couvercle, et est terminée par un petit levier placé à côté du registre à vapeur; en dessus et en dessous de la soupape se trouve deux orifices, l'un (le supérieur) communique à la boîte à tiroir, de sorte qu'en faisant mouvoir le levier, la soupape se soulève et met en communication la boîte à tiroir avec le condensateur, de manière qu'en ouvrant le registre, la vapeur passe par l'orifice supérieur de la pompe, sous la soupape et s'en va au condensateur par l'orifice inférieur. Lorsqu'on croit avoir assez introduit de vapeur dans le condensateur, on baisse le levier et la soupape de purge se ferme.

CE QUE C'EST QUE PURGER LA MACHINE. — Purger la machine c'est chasser l'eau et l'air qu'elle peut contenir dans le cylindre et dans le condensateur, au moment où l'on veut mettre en marche la machine. L'eau que l'on veut chasser, soit par le tuyau de décharge du condensateur, soit en soulevant la soupape nommée renifflard, se rend dans le bassin ou dans la cale.

On est averti que le condensateur est assez purgé lorsque le tuyau ne laisse échapper que de la vapeur ; on doit alors fermer la soupape de purge, car sans cela on échaufferait le condensateur.

Ainsi, pour purger la machine, on ouvre la valve de vapeur, on lève le levier de la soupape de purge, et on laisse les choses ainsi jusqu'à ce que la vapeur sorte par le renifflard ; il faut surtout avoir soin de ne pas toucher au registre de l'injection, parce que la vapeur qui sert à chasser l'eau du condensateur serait condensée et ne produirait pas d'effet.

Lorsqu'on met la machine en marche, il faut s'assurer si la soupape du renifflard est bien fermée ; car alors l'air extérieur serait dans le condensateur et le vide ne se ferait pas. Il faut, lorsqu'on purge, que la vapeur ait de 10 à 20 centimètres de pression.

POMPE A AIR. — Cette pompe est destinée à enlever l'eau et l'air provenant de l'injection et de la condensation ; lorsque la machine fonctionne, elle fait passer l'eau dans la bâche, et cette eau est employée en partie à l'alimentation des chaudières, et est préférable à celle qu'on pourrait prendre à l'extérieur du navire, pour deux raisons différentes : d'abord elle possède une température de ·30 à 40°, et conséquemment ne fait pas autant baisser la pression que si elle était froide, et ensuite elle n'est pas aussi salée parce qu'elle provient de la vapeur condensée; il s'ensuit que le dépôt du sel dans les chaudières est moins considérable qu'en employant seule l'eau de la mer.

DESCRIPTION DE LA POMPE A AIR. — Cette pompe communique au condensateur par un clapet P, et à la bâche par un autre clapet P ; son piston est muni de deux soupapes S, qui s'ouvrent de bas en haut. Cette pompe est aspirante et foulante ; lorsque le piston monte il aspire l'eau du condensateur, alors le clapet P s'ouvre, et cette eau passe sous le piston ; lorsque le piston descend, il presse sur cette eau, force le clapet P à se fermer, tandis que les deux soupapes S et S, s'ouvrent pour laisser passer l'eau en dessus du piston ; lorsque le piston remonte, il refoule l'eau qui se trouve à la partie supérieure de la pompe, et le clapet P s'ouvre, puis l'eau s'en va dans la bâche du condensateur. Les choses se passent ainsi à chaque oscillation.

Les pistons de pompe à air sont généralement en bronze ou en cuivre, et n'ont pas de garniture métallique; leur garniture est toujours en chanvre tressé autour du contour du piston; la couche d'air qui est constamment sur eux, fait qu'ils fonctionnent toujours bien.

A la tige du piston sont placés deux butoirs B et B, destinés à régler l'ouverture des soupapes S et S, parce que, si elles s'ouvraient trop, elles risqueraient de rester ouvertes pendant la montée du piston, ce qui entraverait la fonction de la pompe.

Sur le couvercle de la pompe se trouve un presse étoupe, au travers duquel passe la tige du piston; cette tige est fixée à un *té* qui reçoit les mouvements du balancier.

Les dimensions de la pompe à air sont telles qu'elle peut contenir deux fois l'eau provenant de la condensation et de l'injection lorsqu'on marche à toute vapeur.

Bache. — On désigne sous le nom de bâche, dans les machines appliquées à la navigation, la partie supérieure du condensateur.

Elle fait corps avec le condensateur, dont elle n'est séparée que par une cloison en fonte; la bâche est destinée à recevoir toute l'eau provenant de l'injection et de la condensation que la pompe à air y refoule; la bâche communique avec la pompe alimentaire par la boîte de trop plein, et communique à la mer par le tuyau de décharge que l'on ferme à volonté au moyen d'un disque à coulisse qu'on nomme *diafragme* (1).

Ce tuyau de décharge se trouve placé au milieu de la bâche, et il vient sortir un peu au dessus du niveau de la mer.

(1) On doit ouvrir le diafragme avant de mettre en marche la machine, et le fixer à un arc-boutant, afin qu'il ne se ferme pas de lui-même.

Il est très nécessaire de fermer le diafragme lorsqu'on arrive au mouillage, parce que le ballottement de la mer pourrait introduire des corps étrangers dans la bâche, qui pourraient gêner le mouvement des soupapes de la boîte de trop plein, et il en résulterait de graves inconvénients.

Lorsqu'on est sur le point de partir, il faut l'ouvrir; lorsque la machine fonctionne, il ne faut pas craindre que quelque chose s'introduise dans le condensateur par le tuyau de décharge, parce que le courant d'eau qui s'établit de la bâche à la mer empêche toute introduction de l'extérieur à l'intérieur.

Pompe alimentaire. — Cette pompe est destinée à fournir l'eau nécessaire aux chaudières. Elle est aspirante et foulante et se trouve ordinairement placée à côté de la pompe à air.

Cette pompe communique à la bâche par l'intermédiaire de la boîte de trop plein. Sur ce corps de pompe se trouve un presse étoupe, au travers duquel passe la tige du piston, dont l'extrémité est fixée au *té* de la pompe à air.

Le piston de cette pompe est plein, c'est-à-dire sans soupapes; il est formé d'un cylindre creux ayant partout le même diamètre, et dont la longueur est un peu plus grande que la course; son diamètre est plus petit que le diamètre intérieur de la pompe, excepté à la partie supérieure où ces deux diamètres sont parfaitement égaux.

Lorsque le piston monte il aspire l'eau de la bâche, et lorsqu'il descend il la refoule dans le même tuyau de la boîte de

trop plein, qui la laisse aller aux chaudières lorsque les alimentations sont ouvertes; elle la remet dans la bâche si les alimentations sont fermées.

BOITE DE TROP PLEIN. — Cette boîte se compose de trois
compartiments, dont deux communiquent à la bâche, et l'autre
à la boîte d'alimentation placée devant les chaudières. Le compartiment A communique à la bâche par l'orifice O, et le compartiment B communique également à la bâche par l'orifice O,
et le compartiment D communique aux chaudières par le tuyau
T. A chacun de ces compartiments est placé une soupape
s'ouvrant de bas en haut, destinée à ouvrir le passage à l'eau.

Le tuyau P communique à la pompe alimentaire, de sorte
que, lorsque le piston de la pompe monte, il aspire l'eau de la
bâche, et la fait passer par l'orifice O, soulève la soupape S, et
l'eau vient remplir la pompe alimentaire et tout le tuyau; lorsque le piston redescend, il refoule cette eau dans le même tuyau
et dans la boîte, alors la soupape S se ferme et l'eau presse
sur les deux soupapes supérieures; mais comme la soupape N
communique à la bâche, et qu'elle est chargée d'un contre-
poids, l'eau soulève plus facilement la soupape M qui se trouve
au tuyau du compartiment D, et passe par le tuyau T, qui la
conduit dans les chaudières. Ceci a lieu tant que les alimentations sont ouvertes.

Lorsque les alimentations sont fermées, l'eau ne peut plus
soulever la soupape M, parce que la colonne d'eau qui se trouve

sur elle l'en empêche, de sorte qu'elle soulève la soupape N, et pénètre dans le compartiment de la boîte, et retourne à la bâche par l'orifice O.

La tige de la soupape N, qui supporte le contre-poids, passe au travers d'un petit presse étoupe qu'il faut avoir soin de serrer quelquefois, afin que la tige n'y passe pas trop facilement, et pour que le poids, tombant avec force, ne fasse pas frapper la soupape sur son siége, qu'il endommagerait.

On est assuré que le presse étoupe est desserré, lorsque le contre-poids descend plusieurs fois de suite, et qu'en tombant sur son siége la soupape forme une espèce de roulement. Chacune des trois soupapes a un butoir pour l'empêcher de sortir de son siége.

MÉCANISME EXTÉRIEUR.

TIGE DU PISTON. — La tige du piston à vapeur est fixée au moyen d'une clavette à une pièce traversale, nommée généralement *grand té*, portant deux tourillons qui passent au travers des têtes des deux bielles pendantes. (On donne le nom de *bielle* à toute pièce qui sert à transmettre le mouvement). Les bielles pendantes sont fixées à l'extrémité du balancier; la longueur de la tige du piston doit être telle que le piston doit descendre le plus bas possible, afin que l'eau ne puisse pas se loger au fond du cylindre, et qu'il n'y ait pas de perte de vapeur.

On laisse ordinairement un espace de 4 à 5 centimètres entre la fin de la course et le fond du cylindre; on ne doit pas en laisser moins, parce que, pour peu que la clavette des bielles pendantes vienne à se relâcher, le piston pourrait toucher au fond du cylindre et se briser.

On doit surtout éviter que le piston tourne sur sa tige, parce qu'alors il tournerait à sec, et on ne tarderait pas à entendre un frottement très dur et le cri aigu du fer s'usant contre la fonte; alors il y aurait bientôt assez de jeu pour produire un choc.

BALANCIERS. — Les balanciers sont des pièces de fonte de fer tournant sur axe, terminées par deux tourillons ; ce sont ces balanciers qui transmettent le mouvement à toute la machine au moyen des bielles pendantes qui y sont fixées.

L'une des extrémités du balancier reçoit le mouvement du piston par l'intermédiaire de la bielle pendante, et ce mouvement est transmis directement à la pompe à air par le moyen des pistons, bielles, et ensuite aux manivelles par le grand *té* renversé sur lequel est fixée la grande bielle qui va aboutir à la soie des manivelles.

Le balancier donne aussi le mouvement au parallélogramme, à la pompe de cale et à la pompe alimentaire.

Dans les machines employées à la navigation, les balanciers sont au nombre de deux, tournant sur le même axe, qui traverse le condensateur ; ils sont retenus sur le tourillon de cet axe au moyen de rondelles en bronze qu'un boulon fixe sur l'arbre et empêche de mouvoir.

Sur les balanciers sont placés de petits tourillons en fer, destinés aux bielles qu'ils doivent faire mouvoir ; les nervures qui sont sur les balanciers sont destinées à augmenter leur solidité afin qu'ils puissent résister au choc de la machine.

COUSSINETS. — Les coussinets qu'on nomme quelquefois *grains*, sont des pièces qu'on place à toutes les articulations et à tous les centres de mouvement de la machine, ils sont destinés à empêcher l'usure des tourillons ou dés arbres. Ces coussinets sont généralement en bronze et composés de 66 parties cuivre rouge, zinc et étain.

Les coussinets en cuivre jaune, qu'on emploie quelquefois, ont le grand défaut de s'échauffer promptement, et d'être détruits en peu de temps, si on les laisse frotter à sec.

Les coussinets en bronze durent fort longtemps, mais pour cela, il faut les graisser souvent si la machine marche à toute vitesse.

On doit surtout éviter de trop serrer les coussinets, parce qu'il doit toujours rester une légère couche d'huile entre le coussinet et le tourillon; car, dès le moment que le frottement a lieu à sec, il s'échauffe et se détériore.

Il faut aussi les préserver de la poussière et du sable, qui les rongeraient et augmenterait le frottement.

Paliers. — Les paliers ne sont autre chose que des supports dans lesquels sont placés les coussinets. Un chapeau portant sur le coussinet supérieur (ou partie supérieure du coussinet) permet de les serrer à volonté au moyen des écrous vissés sur les boulons fixés sur le corps du palier même; ces paliers sont ordinairement en fonte; leur chapeau est percé de manière à recevoir un godet communiquant à un trou pratiqué sur la partie supérieure du coussinet, qui conduit l'huile au tour de l'arbre, au moyen de canaux creusés sur le coussinet, qu'on nomme *patte d'araignée*.

Il faut surtout avoir bien soin de s'assurer si les lumières du palier et du coussinet sont bien dégagées, car sans cela l'huile ne pourrait pas humecter l'arbre, et ce dernier s'échaufferait.

Au mouillage on doit tenir ces lumières fermées avec soin; on ne doit pas serrer fortement les paliers dans lesquels tournent les arbres, car un tour d'écrou de trop donne aux machines une charge qui, si l'arbre est gros, suffit pour les arrêter.

Les contre-maîtres mécaniciens et ouvriers qui reçoivent l'ordre de visiter un palier quelconque de la machine, doivent s'assurer du nombre de filets qui dépassent l'écrou avant de le dévisser et en tenir compte, afin de le remettre au même point qu'il était avant de visiter le palier; sans cette précaution ils risqueraient de trop serrer les écrous des boulons du palier, ou pas assez, car ces écrous ne doivent pas être serrés à *bloc*.

Les écrous des boulons du palier doivent être serrés à la main jusqu'à toucher le chapeau du palier. Il ne faut jamais employer de clef pour ce serrage.

CLAVETTES. — Les clavettes sont des pièces coniques et rectangulaires servant à serrer les coussinets lorsqu'ils en ont besoin. Un coin en fer, nommé *contre-clavette*, qu'on place dans une mortaise ménagée exprès au bout de la clavette, pour l'empêcher de se desserrer d'elle-même.

Pour serrer les clavettes, on se sert d'une masse en cuivre rouge, afin de ne pas détériorer la tête.

Il y a aussi une autre espèce de clavette qu'on appelle *cla-*

velle à mentonnet, à cause de deux rebords qui l'empêche de mouvoir; c'est sur ces clavettes que glissent les clavettes coniques.

Toutes les fois que c'est une bride (chappe) qui sert à tenir les coussinets, on emploie les clavettes à mentonnet.

Lorsqu'on desserre une clavette, il faut avoir soin d'enlever la contre-clavette, et puis frapper doucement avec la masse, en ayant soin de saisir le moment où cette clavette ne fait plus effort pour l'enlever, c'est-à-dire lorsque la pièce ne porte pas dessus.

Il est facile d'observer le moment où la clavette ne force pas. Il n'y a qu'à regarder de quel côté se transmet la force; ainsi, si on veut serrer une clavette des têtes de bielles pendantes, il faut frapper lorsque la bielle monte, parce qu'alors la tige du piston soulève le grand *té*, et alors celui-ci ne porte pas sur la clavette.

Bielles des machines. — On distingue cinq sortes de bielles. Les bielles pendantes qui transmettent le mouvement aux balanciers sont fixées d'un côté au tourillon du grand *té*, et leur partie inférieure se rattache au balancier, au moyen d'une bride retenue par une clavette conique et une clavette à mentonnet; les bielles des pompes à air, qui transmettent le mouvement du balancier à cette pompe et à la pompe alimentaire, sont fixées au *té* de la pompe, de la même manière que les bielles pendantes le sont au grand *té*, et leur partie inférieure se réunit au balancier à l'aide d'un tourillon; la grande bielle qui sert à changer le mouvement rectiligne du piston en mouvement circulaire de la manivelle est fixée au grand *té* au moyen d'une forte clavette, et la partie supérieure se rattache à la soie des manivelles par une bride retenue par une clavette conique et une clavette à mentonnet.

Lorsqu'on veut serrer les coussinets des grandes bielles, on frappe sur la clavette lorsque les manivelles montent. On doit surtout mettre le plus grand soin à graisser régulièrement les coussinets de cette bielle, parce que l'effort considérable et continu que ces coussinets supportent directement dans les changements de direction de la machine, occasionnent un très grand frottement, et les coussinets seraient bien vites avariés, si on n'y portait la plus grande attention.

On distingue ensuite les bielles des mouvements des tiroirs, qui sont au nombre de quatre, dont deux tiennent l'arbre de mise en train avec le balancier des tiroirs, et les deux autres transmettent à ce balancier le mouvement de l'excentrique.

Ainsi, en résumé, une machine renferme :

1° Les bielles pendantes de piston à vapeur.

2° Les bielles de pompe à air.

3° Les bielles de parallélogramme,

4° La grande bielle.

5° Les bielles des mouvements des tiroirs.

Nota. — Toutes les bielles sont en fer forgé.

Tés.— Ce sont des pièces en fer forgé, placées horizontalement et terminées par deux tourillons auxquels sont ordinairement fixés deux bielles rattachées au balancier.

Dans une machine, on distingue trois *tés* :

1° Le grand *té*.

2° Le *té* de la pompe à air.

3° Le *té* renversé.

Le grand *té* reçoit le mouvement du piston par l'intermédiaire de la tige qui y est fixée au moyen d'une clavette. A ses deux extrémités sont placées les bielles pendantes.

Le *té* de la pompe à air est fixé sur la tige du piston de cette pompe; il reçoit le mouvement du balancier par l'intermédiaire des bielles de pompe à air qui sont fixées à ses deux extrémités, et ensuite il le communique au piston de cette pompe.

Le *té* renversé est celui auquel est fixée la grande bielle; il est terminé par deux têtes de bielle qui se rattachent au balancier au moyen de brides.

Parallélogramme. — Le parallélogramme est un mécanisme qui sert à rendre rectiligne la course du piston à vapeur, afin d'empêcher que la tige du piston n'exerce aucun frottement contre le presse étoupe, et que le piston ne force pas contre les parois du cylindre; la construction de ce mécanisme repose sur la propriété dont jouissent les parallélogrammes; lorsque les deux sommets des angles d'un triangle sont assujétis à décrire un arc de cercle, l'autre sommet décrit à peu près une ligne droite.

Dans les machines à vapeur maritimes, le sommet du parallélogramme, qui décrit la ligne droite, est ordinairement fixé aux bielles pendantes, et comme il y en a deux, on dit que le parallélogramme est double.

Le parallélogramme se compose donc :

1° De la bielle du parallélogramme, qui est fixée au balancier et qui en forme une partie.

2° Du bras du parallélogramme fixé d'un côté à la grande bielle pendante, et de l'autre au bouton de la manivelle qui en dirige la course. La longueur de cette manivelle se trouve à l'aide d'une construction géométrique; il suffit, pour cela, de connaître la longueur de côté que l'on veut donner au parallélogramme ; cette manivelle est ordinairement disposée à avoir pour centre l'arbre du balancier de tiroir.

Excentrique et pourquoi il est formé ?

Excentrique. — On dit que deux cercles sont excentriques lorsqu'ils n'ont pas leur centre commun; ainsi, un excentrique n'est autre qu'un cercle en fonte percé d'un trou qui n'est pas à son centre. Le diamètre de ce trou est celui de l'arbre de couche, de sorte que l'excentrique étant fixé sur cet arbre, il forme un mouvement de va et vient dont on s'est servi pour faire mouvoir les tiroirs; le mouvement étant ainsi trouvé, il ne s'agit plus que d'adapter un moyen convenable pour le communiquer aux tiroirs. Pour cela, on a creusé une petite roue de manière à laisser deux rebords, un de chaque côté, on a ensuite ajusté dans cette gorge un collier en bronze qu'on a nommé *charriot de l'excentrique ;* sur l'un des côtés du collier on a fixé une tringle nommée *tirant* ou *bielle d'excentrique,* à l'extrémité de laquelle se trouve une encoche d'une sphérique qui vient *s'enclancher* sur un bouton de manivelle fixé à un arbre, qui, par conséquent, reçoit le mouvement de l'excentrique ; cet arbre transmet le mouvement aux tiroirs par l'intermédiaire des bielles du mouvement des tiroirs.

Puisque l'excentrique communique le mouvement aux tiroirs, et que les tiroirs font mouvoir la machine, il est clair que si l'on fait sortir le bouton de manivelle de l'encoche de la tige de l'excentrique, les tiroirs ne distribueront pas la vapeur.

Pour faire sortir le bouton de la manivelle, on a placé à l'extrémité du tiroir une pièce coudée nommée *pédale*, tournant autour d'un point fixe, de sorte que lorsqu'on veut déclancher l'excentrique, on n'a qu'à lever la pédale, et le bouton de la manivelle sortant de l'encoche, glisse dans un cadre et les tiroirs se trouvent arrêtés.

La roue de l'excentrique n'est pas invariablement fixée sur l'arbre de couche, mais elle porte un taquet qui vient butter contre une arête ménagée sur l'arbre, et cette arête porte le nom de *toc* ou *heurtoir*. Il y a deux arêtes sur l'arbre, l'une sert pour faire marcher en avant, et l'autre en arrière.

LEVIER DE MISE EN TRAIN ET SA FONCTION. — Le levier de mise en train est un levier placé à l'extrémité de l'arbre qui fait mouvoir les tiroirs, de sorte qu'en portant ce levier sur l'avant ou sur l'arrière, on fait baisser ou monter les tiroirs, et par conséquent, on distribue la vapeur et la machine fonctionne.

Ainsi, ce levier sert à mettre la machine en marche; on le rend fixe ou mobile sur son arbre au moyen d'un embraye; aussitôt que la machine a fait deux ou trois tours, on fait tomber la pédale, et alors le bouton de l'excentrique rentre dans l'encoche, et l'excentrique donne aux tiroirs le mouvement qu'on leur avait donné à l'aide du levier de mise en train.

En considérant le levier de mise en train on s'aperçoit qu'en le portant sur l'avant, la vapeur arrive en dessus du piston, et, en le portant sur l'arrière, la vapeur arrive au dessous du piston; ce qui fait voir que, pour faire marcher en avant, on porte le levier du même côté que les manivelles; pour faire marcher en arrière, on porte le levier en sens contraire des manivelles.

Il arrive quelquefois que les manivelles des machines se trouvent sur le point mort, c'est-à-dire que le piston est en haut de sa course; dans ce cas, on attend que l'autre machine ait fait dépasser le point mort pour introduire la vapeur.

Pour stopper la machine. — Puisque le mouvement de la machine ne dépend que de celui des tiroirs, il s'ensuit que, si on veut arrêter le mouvement de la machine, il faut arrêter le mouvement des tiroirs.

Ainsi, la première chose à faire pour *stopper* la machine, c'est de lever les pédales des tiroirs de l'excentrique, et de fermer immédiatement l'injection à la vapeur.

Lorsqu'on reçoit l'ordre de se tenir prêt à la manœuvre, on doit embrayer le levier de mise en train, c'est-à-dire qu'on doit rendre ce levier fixe sur son arbre, et le laisser ainsi jusqu'à ce que l'on commande de mettre en marche la machine ; alors on doit le désembrayer, c'est-à-dire le rendre mobile, afin qu'il ne soit pas entraîné par l'arbre de mise en train qui lui donnerait un mouvement inutile et gênant.

Contre-poids de l'excentrique. — L'excentrique étant destiné à régler la distribution de la vapeur, il s'ensuit que la moindre irrégularité dans son mouvement nuirait à celui de la machine ; c'est afin d'éviter cette irrégularité qu'on a fixé à la roue excentrique un contre-poids, qui n'est autre chose qu'un plateau en fonte fixé d'un côté à la roue, au moyen de boulons.

TRANSMISSION DES MOUVEMENTS.

Arbre de couche. — On distingue sous le nom d'arbre de couche celui qui porte les manivelles et les roues (ou hélices). Cet arbre se compose de trois parties :

1° L'arbre intermédiaire, (milieu).

2° L'arbre extérieur, (tribord).

3° L'arbre extérieur, (babord).

L'arbre intermédiaire ou de milieu porte une manivelle à chaque extrémité, et ces manivelles sont à angles droits ; elles sont souvent forgées d'une seule pièce avec l'arbre, elles offrent alors une grande solidité.

L'arbre intermédiaire porte aussi l'excentrique, il repose sur deux coussinets placés dans des paliers fixés sur les bâtis de la machine.

Les arbres extérieurs de tribord et de babord portent chacun une manivelle d'un seul côté, ils portent aussi les roues, et sont terminés par un tourillon qui repose sur un palier placé de chaque côté de la roue, à l'extrémité du tambour. L'éloignement de ce palier fait que les extrémités de l'arbre se dérangent un peu, c'est-à-dire qu'ils baissent où ils passent sur l'arrière, c'est à cause de ce dérangement qu'on est obligé de vérifier de combien les arbres ont baissé pour placer, sous le coussinet, une cale convenable.

Chacune des parties de l'arbre de couche doit reposer sur deux paliers au moins, ce qui fait qu'on emploie six paliers pour l'arbre de couche.

Manivelles. — Les manivelles sont des pièces sur lesquelles les balanciers appuient au moyen de grandes bielles qui changent le mouvement rectiligne alternatif en circulaire continu. Les grandes bielles sont ralliées à une pièce cylindrique nommée *soie;* cette pièce est fixée à la manivelle de l'arbre intermédiaire au moyen d'une clavette qui l'empêche de tourner, et qui la rend fixe sur la manivelle de l'arbre extérieur. La soie est mobile dans le sens de la direction de la manivelle ; elle est retenue à ses deux côtés par une pièce en bronze rectangulaire qu'on nomme *cale*. Ces cales permettent aux deux manivelles de se rapprocher, et, afin que la soie ne butte pas contre le fond ou la manivelle, on laisse toujours un espace de huit à dix millimètres, une rondelle est placée à son milieu et boulonnée contre la manivelle. C'est par le trou de cette rondelle qu'on introduit l'huile au moyen d'une seringue.

Lorsque deux machines agissent sur le même arbre de couche, on dit que ces machines sont conjuguées. Les manivelles de ces deux machines sont toujours placées à angle droit; cette disposition de manivelle est adoptée, parce que les machines s'aident entr'elles à dépasser les points morts. Ainsi, lorsque le piston de l'une des deux machines est au haut ou au bas de sa course, l'autre piston est au milieu de sa course, et, à ce moment, la vapeur agissant de toute sa force, fait que ce piston entraîne l'autre, et par conséquent fait dépasser le point mort.

Lorsqu'il n'y a qu'une seule machine qui fonctionne, on est obligé, pour faire passer le point mort, d'adopter un volant qui, par son inertie acquise dans le mouvement, entraîne la machine.

Pour la navigation on n'emploie pas de machines à simple effet, elles sont toujours conjuguées. Les machines à volant à simple effet, sans condensation, ne sont employées que dans les usines et dans les ateliers. Celles qu'on appelle machines fixes sont employées à faire mouvoir des laminoirs, à faire fonctionner des pompes et des ventillateurs. On les emploie aussi à l'exploitation des mines, elles servent à faire monter les minéraux, et l'eau qui se trouve au fond des puits, des mines, etc.

Je ne décrirai pas les pièces qui composent l'appareil des machines qui ne sont pas employées à la navigation, car je m'éloignerais du but que je me suis proposé d'atteindre.

MM. les élèves de la compagnie de mécaniciens et ouvriers chauffeurs de la marine trouveront, dans ce manuel de mécanique pratique, ce qui concerne les machines de mer seulement ; car si j'entrais dans le détail des pièces des machines qui ne sont pas employées à la navigation, je détournerais l'esprit du lecteur, et la leçon ne serait pas aussi profitable.

Le mécanicien qui est appelé à servir dans une compagnie de mécaniciens de la marine, doit se livrer entièrement à l'étude des machines qui sont employées à la navigation ; car il existe une grande différence entre les machines fixes, et celles qui sont employées à la navigation.

QUESTIONS AUX ÉLÈVES MÉCANICIENS.

A quoi servent les soupapes d'arrêt, de sûreté et atmosphériques ?

A quoi servent les entre-toises et les tirants ?

A quoi sert l'autel ?

Quelle distance doit-on mettre entre chaque barreau de grille (ou rayon de grille ?)

Doit-on les faire toucher bout à bout ?

Expliquez les ébullitions, les moyens à prendre pour y remédier, quelles en sont les indices ?

De combien faut-il qu'une soupape se lève pour qu'il n'y ait pas contraction ?

Quel moment choisissez-vous pour faire extraction ?

A quoi connaissez-vous qu'un fourneau a besoin d'être chargé, décrassé, remué ?

Quel inconvénient produit une trop grande quantité d'escarbilles dans les cendriers ?

Qu'appelle-t-on tubes niveleurs, leur usage, précautions à prendre pour qu'ils fonctionnent bien?

Qu'appelle-t-on robinets de jauge?

Nommez les principales pièces d'une machine.

Désignez les endroits où passe la vapeur à sa sortie de la chaudière, que devient-elle ?

Dans quelle partie de la machine se prend l'alimentation ?

Comment alimente-t-on en marche ?

Comment démonte-t-on un piston ?

Quelles sont les garnitures usitées dans les cylindres ?

De quelle manière les bielles pendantes sont-elles ralliées au balancier ?

Quel moment choisissez-vous pour serrer les clavettes ?

A quelle pièce de la machine le balancier transmet-il le mouvement ?

A quoi sert la pompe à air, décrivez son piston, en quel métal sont ordinairement les corps de pompe à air et son piston?

A quoi servent les butoirs qui sont dans les tiges des pistons de pompe à air?

Comment sont disposés les clapets du condensateur et de la bâche?

Déterminer la position du toc sur l'arbre intermédiaire.

Déterminer la longueur de la grande bielle, connaissant la

manivelle, la longueur du balancier, et la distance entre les centres de rotation.

Trouver les points morts dans une machine.

Trouver la position du balancier d'après celle de la manivelle.

Vérifier le parallélogramme.

Choc d'un piston et y remédier.

Décrire le rayon géométrique qui existe entre l'axe du balancier, au point du bas de la bielle verticale, et la longueur de la
bielle, dont la hauteur tient à l'extrémité de la bielle verticale.

Manière de reconnaître si l'arbre intermédiaire est bien placé.

Moyen de caler l'arbre de couche.

Régularisation des tiroirs.

Relations qui existent entre le mouvement de l'excentrique
et celui des tiroirs.

Angle d'avance, sa détermination.

Disposition des soupapes de sûreté et atmosphériques.

Pouvoir calorifique de la houille.

Ayant des chaudières avec lesquelles on marche à 22°, en
introduisant la vapeur pendant les 8/10° de la course du piston;
j'en prends d'autres avec lesquelles je chauffe à deux atmos-

phères, quels sont les changements à faire dans la machine?

Manière de déterminer le moteur pour laisser courir la manivelle du levier coudé des tiroirs.

Connaissant la détente d'une machine, on demande de construire les plaques frottantes, les orifices étant donnés.

Détermination géométrique de la bielle de l'excentrique.

Quelles sont les relations qui existent entre le poids de la houille et celui de l'eau échauffée?

Un litre d'eau fournit 1700 litres de vapeur, combien en faudrait-il pour obtenir 13 mètres 675 millimètres de vapeur à 100 degrés ?

Quel est la quantité de vapeur dépensée par minute dans une machine dont les dimensions du cylindre sont données, l'introduction ayant lieu pendant les 78/100° de la course, la machine donnant 23 tours par minute?

Déterminer la pression réelle exercée dans la chaudière, quand le manomètre indique 40 degrés.

Caractère des différents Charbons.

Les charbons anglais vaporisent 6 litres d'eau par kilogramme de charbon brûlé, donnant au maximum 13 pour 100 d'escarbilles, et du mâchefer rarement.

Le cardiff vaporise dans les mêmes conditions que le précédent : 10 pour 100 d'escarbilles et rarement du mâchefer.

Le charbon de pays, Champ-Closon, vaporise comme les charbons anglais, 6 litres d'eau pour 1 kilogramme de charbon brûlé, et on y retrouve du mâchefer.

Le pays Agrolles vaporise comme les précédents, cependant on y retrouve beaucoup plus d'escarbilles et de mâchefer.

Observation. — Le grand avantage des charbons anglais est de vaporiser la même quantité d'eau en moins de temps.

Conditions des Charbons.

Ils doivent vaporiser, au minimum, 5 litres d'eau par kilogramme de charbon brûlé.

Ils ne doivent donner que 13 pour 100 de cendres ou d'escarbilles, et au plus 1 kilogramme pour 100 de mâchefer. On doit éviter les charbons sulfureux qui encrassent les grilles, et dont les caractères sont des veines jaunes, brillantes et lourd.

Le bon charbon doit être léger et brillant; on doit éviter de se servir des charbons gras qui ne sont bons que pour la forge.

Manière de vérifier le Parallélogramme.

Pour vérifier le parallélogramme, on remarque que l'axe du bras de rappel est invariable dans le sens horizontal ; puisque son serrage est vertical, l'axe du tourillon du bout mobile est invariable aussi ; c'est donc la longueur de la tige du parallélogramme qu'il faut vérifier ainsi que celle du guide. Pour cela, on met le piston à demi course, on démonte les deux pièces et on leur met des sanglots entre les coussinets pour déterminer les centres ; alors la longueur de la tige du parallélogramme étant toujours égale à la distance du coup de pointeau du tourillon de guide à celui de la soie du bout du balancier on prend cette distance avec le compas à verge, et on la porte sur le tige ; la différence des longueurs, s'il y en a, donne l'épaisseur de la cale de correction. En outre, pour que le parallélogramme existe, il faut que la longueur du guide mesuré, du coup de pointeau, de l'un de ses tourillons à l'autre, égale à celle qui sépare le coup de pointeau de la soie du balancier de celui du tourillon ; sur la bielle pendante, la comparaison de ses longueurs donne encore la correction à opérer ; il faut naturellement que la longueur des bielles pendantes ait été vérifiée.

Manière de vérifier la position de toc.

Pour vérifier le toc, on place le piston au haut de sa course, de sorte que les manivelles se trouvent à leur point mort inférieur ; puis, à l'aide de la courbe de régularisation, on place le tiroir dans la même position que celle du piston. On s'assure qu'en outre il existe bien en bas l'avance voulue à la condensation, puis on serre les garnitures du tiroir, afin qu'il ne puisse pas bouger ; ensuite, on fait marcher l'excentrique à l'aide de palans, de manière que le plus grand rayon se trouve placé en haut ; puis on continue à la faire marcher jusqu'à ce que sa bielle vienne s'enclancher sur le bouton de la manivelle des tiroirs ; alors on trace sur l'arbre l'intersection de toc, du charriot avec l'arbre ; cette ligne d'intersection sera l'extrémité du heurtoir de l'arbre pour la machine en avant.

Pour la marche en arrière, on détermine de la même manière la position de toc de l'arbre.

Pour la marche en arrière, on mène le plus grand rayon de l'excentrique tout à fait en bas, en ayant soin de le faire marcher jusqu'à ce que sa bielle s'enclanche.

Pour vérifier cette position de toc de l'arbre, on met le piston au bas de sa course, et on fait la même opération ; puis, au milieu de sa course, si la position est la même, on est certain de l'opération ; si, au contraire, il y a un peu de différence, on prend la moyenne.

Il est d'une grande importance que le toc de l'arbre soit bien placé ; car s'il y avait une différence quelconque, soit pour la marche en avant, soit pour la marche en arrière, il occasionnerait une irrégularité au mouvement de l'excentrique qui nuirait beaucoup à la marche de la machine.

Manomètre du Condensateur.

Pour qu'une machine fonctionne bien convenablement, il est essentiel que la pression soit aussi faible que possible dans la partie de la machine qui sert à transformer en eau la vapeur qui a déjà produit son effet dans le cylindre, c'est-à-dire dans le condensateur.

En effet, le condensateur se trouve en communication, tantôt avec l'orifice d'en haut, tantôt avec celui d'en bas ; s'il y avait une certaine quantité de gaz dans le condensateur, par sa force élastique, il produirait une résistance nuisible aux montées et aux descentes du piston, et même pourrait l'empêcher de fonctionner, dans le cas où ces gaz deviendraient assez considérables pour empêcher l'évacuation de la vapeur.

Il a fallu nécessairement chercher à se rendre compte de la pression que ces gaz exerçaient, afin de prendre les précautions nécessaires pour la diminuer, si besoin était.

C'est à cet effet qu'est destiné l'appareil appelé *manomètre du condensateur*.

Il se compose d'une boîte en fonte, **A B C D**, dans laquelle est fixé un tube **P Q**, lequel communique avec le condensateur au moyen du tuyau **R**, muni du robinet **M N**; la partie inférieure du tube plonge dans le mercure. Si le vide existait en dessus de la chambre barométrique, le mercure de la boîte étant soumis à la pression atmosphérique, monterait dans le tube de 0,76 centim.; mais au lieu du vide parfait, il existe en dessus la pression du condensateur; elle sera donc marquée par 0,76 centim., moins le nombre de degrés indiqué par le niveau du mercure sur la planchette en cuivre qui porte les divisions.

Problème.

Un manomètre du condensateur indique 0,63 c., quelle est la pression par centimètre carré?

$$76 : 1033 = :: 76 : 63 : X.$$
$$D'où\ X = 13 \times 1033 = 0177\ environ.$$

Autre Manomètre.

On se sert aussi d'un autre manomètre plus simple que celui dont nous venons de parler plus haut.

Il se compose d'un tube recourbé, renflé en boule à l'une de ses extrémités, et dans laquelle on a introduit du mercure préalablement à air libre; le mercure s'élèverait de 0,76 c.; mais comme il est renfermé dans une capacité qui ne communique qu'avec le condensateur, il s'élèvera d'autant moins que la pression dans ce dernier sera moins forte, et, par suite, le nombre de degrés indiqué par le niveau donnera directement la pression du condensateur.

Problème.

La pression de la chaudière est de 0,67 c., celle du condensateur n'est que de 0,08 c., on demande quelle est la pression dans le cylindre ?

Deux chaudières contiennent 33,000 litres d'eau au niveau normal, la consommation par heure, est de 367 litres, on demande pendant combien d'heures on pourra marcher sans faire extraction, sachant que l'eau de mer contient 0,32 grammes de sel par litre, et que la saturation commence lorsque l'eau contient 0,106 grammes par litre ?

Le sel contenu dans la chaudière égale à $33,000 \times 32 = 1056$ kil., la saturation commence à 0,106 grammes par litres, il s'agit de trouver à quel moment on a atteint ce chiffre.

Or, nous savons que l'eau seule peut former de la vapeur,

par conséquent , à chaque litre d'eau vaporisée , il reste 32 grammes de sel en suspension dans la chaudière, l'eau vapori-sée étant de 367 litres au bout de 10 heures, nous aurons 367 $\times$ à $\times$ 32 de sel en suspension , donc 33,000 $\times$ 32 $\times$ 367 $\times$ 22 $\times$, devront être égaux à 33,000 $\times$ 106 $=$ 1.

De combien faut-il qu'une soupape s'élève pour qu'il n'y ait pas contraction ?

Il faut que cette soupape s'élève de la moitié du rayon de l'orifice qu'elle recouvre.

Si c'est de la vapeur qui s'échappe, en sortant elle remplit le tuyau sur lequel la soupape est adaptée. Or, l'espace occupé par chaque tranche infiniment mince n'est autre que la surface du cercle qui serait la section droite du tuyau ; il faut que la soupape, en s'élevant, puisse laisser le même espace libre ; or, cet espace est un cylindre de même diamètre que la soupape.

De la Purge.

Pour effectuer cette opération, après avoir allumé les feux et obtenu une pression suffisante, on ouvre la soupape d'arrêt, c'est celle qui intercepte la communication entre la chaudière et la boîte à tiroir. La vapeur s'introduit dans le tuyau d'introduction. A son extrémité se trouve une valve, celle-ci étant ouverte, la vapeur se répand dans la boîte à tiroir , on ouvre ensuite la soupape dite *de purge,* qui fait communiquer la boîte avec un canal qui se rend au condensateur, la vapeur s'y précipite et chasse, devant elle, l'eau et l'air qui y sont contenus, lesquels sortent par le renifflard.

On reconnaît que la purge est achevée quand il ne sort plus que de la vapeur par le renifflard ; on ferme alors la soupape de purge et on ouvre un instant l'injection pour condenser ce qui reste de vapeur au condensateur.

La purge étant achevée, on doit ouvrir la soupape d'arrêt avec précaution et n'ouvrir la valve qu'en second lieu pour éviter les chocs.

Le mécanicien doit avoir grand soin de faire marcher les soupapes d'arrêt avant de faire allumer les feux, afin de s'assurer qu'elles ne sont pas oxidées et qu'elles peuvent librement fonctionner.

Quand on reçoit l'ordre d'allumer les feux, il faut faire mettre toutes les clefs en place, sur les robinets de prise d'eau pour l'injection, ainsi que celle du robinet de prise d'eau de la manche à éteindre les feux ; car si, par un accident quelconque, on recevait instantanément l'ordre de mettre bas les feux, il serait à regretter de ne s'être pas pourvu de la clef qui ouvre à l'eau destinée à éteindre les feux, et il pourrait en résulter de graves inconvénients.

L'extraction a pour but d'empêcher l'agglomération, dans la chaudière, des sels que l'eau de mer contient (32 grammes

par litre). Comme nous l'avons dit précédemment, la saturation commence à 0,106 grammes par litre.

Il faut veiller à ce que cette opération soit bien faite, car
du soin qu'on y apporte dépend la durée et la sûreté des chaudières, attendu que les dépôts de sel qui pourraient s'y former
mangent les tôles et les minent en peu de temps.

Les dispositions à prendre avant d'y procéder sont : 1° d'a-
voir une bonne pression dans la chaudière; 2° d'y élever le
niveau de la moitié de la quantité d'eau , afin que l'on ne soit
pas obligé de dépenser trop de calorique pour échauffer l'eau
qui vient remplacer celle qu'on a extraite, et, de plus, cette
eau froide diminuerait trop la pression.

Observation. — L'extraction peut être continue ou pério-
dique.

FIN.

Toulon. — Imprimé chez Vᵉ BAUME, rue Neuve, 20.